CONGRÈS COLONIAL de 1903

PARIS (29 mars — 4 avril).

7e SECTION : HYGIÈNE COLONIALE

DÉFENSE SANITAIRE DE LA MÉTROPOLE

DANS SES RAPPORTS AVEC LES COLONIES

PAR

M. le Docteur GRANJUX

PARIS
IMPRIMERIE TYPOGRAPHIQUE JEAN GAINCHE
15, rue de Verneuil, 15

1903

CONGRÈS COLONIAL de 1903

PARIS (29 mars — 4 avril).

IVe SECTION : HYGIÈNE COLONIALE

DÉFENSE SANITAIRE DE LA MÉTROPOLE

DANS SES RAPPORTS AVEC LES COLONIES

PAR

M. le Docteur GRANJUX

PARIS
IMPRIMERIE TYPOGRAPHIQUE JEAN GAINCHE
15, rue de Verneuil, 15

1903

DÉFENSE SANITAIRE DE LA MÉTROPOLE

dans ses rapports avec les colonies

Par le Dr Granjux

La défense sanitaire du pays est régie par la loi du 3 mars 1882 sur la police sanitaire qui donne au chef de l'Etat le pouvoir de déterminer : 1° les pays dont les provenances doivent être habituellement ou temporairement soumises au régime sanitaire ; 2° les mesures à observer sur les côtes, dans les ports et rades, dans les lazarets et autres lieux réservés ; 3° les mesures extraordinaires que l'invasion ou la crainte d'une maladie pestilentielle rendrait nécessaire sur les frontières de terre ou dans l'intérieur.

La mise en pratique de cette loi du 3 mars 1882 était réglementée jusqu'au 4 janvier 1896, par un décret datant de 1876. Celui-ci ne prévoyait qu'une arme défensive, les quarantaines, s'étendant non seulement aux navires ayant une *patente brute*, mais pouvant être imposées, à titre d'observation, aux provenances qui avaient simplement une *patente suspecte* (1).

Ces quarantaines d'observation, plus ou moins longues, suivant la durée du voyage et la gravité du péril — en somme soumises à l'arbitraire — causaient un préjudice considérable au commerce, qui ne se lassait de réclamer contre cette mesure.

Satisfaction lui a été accordée par le décret du 4 janvier 1896, qui a supprimé le régime des quarantaines d'observation et l'a remplacé par des mesures préventives prises au point de départ, qui se substituent aux mesures que l'on prenait à l'arrivée.

Les dispositions prévues au point de départ sont les suivantes : tout capitaine d'un navire se disposant à quitter un port est tenu d'en faire la déclaration à l'autorité sanitaire avant d'opérer son chargement ou d'embarquer ses passagers (art. 30). Dans le cas où elle le juge nécessaire, l'autorité sanitaire a la faculté de procéder à la visite du navire avant le chargement, et d'exiger tous renseignements et justifications utiles concernant la propreté des vêtements de

(1) La patente de santé est un document qui mentionne l'état sanitaire du pays de provenance et celui du bord au moment du départ.

l'équipage, la qualité de l'eau potable embarquée et les moyens de la conserver, la nature des vivres et des boissons, et, en général, les conditions hygiéniques du personnel et du matériel embarqués.

Les mesures sanitaires à prendre pendant la traversée peuvent se résumer ainsi : dès qu'apparaissent les premiers signes d'une affection pestilentielle, les malades sont isolés, ainsi que les personnes spécialement désignées pour remplir les fonctions d'infirmier. Les déjections des malades sont immédiatement désinfectées. Leur linge et leurs vêtements, ainsi que ceux des infirmiers, sont, avant de sortir du local isolé, plongés dans une solution désinfectante. Les objets infectés ou suspectés, de peu de valeur, sont immédiatement jetés à la mer si le navire est au large, ou brûlés s'il est dans un port. En somme, isolement et désinfection dès le premier cas suspect, dont la découverte suppose la présence, à bord, d'un médecin ayant une connaissance spéciale des affections épidémiques et des maladies exotiques.

Effectivement le décret du 4 janvier 1896 oblige — sous les peines portées à l'article 18 — tout bâtiment à vapeur français affecté au service postal ou au transport d'au moins cent voyageurs, pour un trajet de plus de quarante-huit heures, d'avoir à bord un *médecin sanitaire maritime*, c'est-à-dire d'un docteur en médecine ayant subi avec succès un examen spécial portant sur l'épidémiologie, la prophylaxie et la réglementation sanitaires.

Les fonctions de ces médecins sanitaires maritimes sont détaillées par les articles 19 et suivants que voici :

Art. 19. — Le médecin sanitaire maritime a pour devoir d'user de tous les moyens que la science et l'expérience mettent à sa disposition :

a) Pour préserver le navire des maladies pestilentielles exotiques (choléra, fièvre jaune, peste) et des autres maladies contagieuses graves ;

b) Pour empêcher ces maladies, lorsqu'elles viennent à faire apparition à bord, de se propager parmi le personnel confié à ses soins et dans les populations des divers ports touchés par les navires.

Art. 26. — Le médecin sanitaire maritime s'oppose à l'introduction sur le navire des personnes ou des objets susceptibles de provoquer à bord une maladie contagieuse.

Art. 21. — Le médecin sanitaire maritime fait observer à bord les règles de l'hygiène. Il veille à la santé du personnel, passagers et équipage, et leur donne ses soins en cas de maladie.

Art. 22. — Le médecin sanitaire maritime se concerte avec le capitaine pour l'application des dispositions contenues dans les trois articles qui précèdent.

En cas d'invasion à bord d'une maladie pestilentielle ou suspecte, il prévient immédiatement le capitaine et assure, d'accord avec lui, les mesures de préservation nécessaires.

Art. 23. — Le médecin sanitaire maritime inscrit jour par jour, sur un registre, toutes les circonstances de nature à intéresser la santé du bord.

Il mentionne les dates d'invasion, de guérison ou de terminaison par la mort de tous les cas de maladies contagieuses, avec indication des détails essentiels que comporte la nature de chaque cas.

A chaque escale ou relâche, il consigne sur son registre la date de l'arrivée et celle du départ, ainsi que les renseignements qu'il a pu recueillir sur l'état de la santé publique dans le port et ses environs.

Il inscrit sur le même registre les mesures prises pour l'isolement des malades, la désinfection des déjections, la destruction ou la purification des hardes, du linge et des objets de literie, la désinfection des logements ; il indique la nature, les doses, le mode d'emploi des substances désinfectantes et la date de chaque opération.

Art. 24. — Le médecin sanitaire maritime est tenu, à l'arrivée dans un port français, de communiquer son registre à l'autorité sanitaire, qui ne statue qu'après en avoir pris connaissance.

Il répond à l'interrogatoire de celle-ci et lui

fournit de vive voix, ou par écrit si elle l'exige, tous les renseignements qu'elle demande.

Art. 25. — Les déclarations du médecin sanitaire maritime sont faites sous la foi du serment.

Le délit de fausse déclaration est poursuivi conformément aux lois.

L'énumération que nous venons de faire démontre que ce rouage nouveau, le médecin sanitaire maritime, doit être la sentinelle inlassable, ne s'endormant jamais, ne se laissant jamais surprendre par l'ennemi-épidémie, qu'elle doit dépister sous quelque masque qu'il se déguise. Le médecin sanitaire maritime est donc la pierre angulaire du nouveau système, et ne peut dire que tout repose sur lui.

Or, comme l'a fait remarquer le Dr Henry Thierry, dans son commentaire médical et juridique du décret du 4 janvier 1896 (1), les devoirs des médecins sanitaires sont bien indiqués, mais leurs droits ne le sont pas.

De plus, les médecins sanitaires maritimes, bien qu'en réalité ils soient à bord les représentants de l'autorité sanitaire, sont exclusivement engagés et payés par les Compagnies de navigation qui peuvent les débarquer dès qu'ils ont cessé de plaire.

(1) Paris. Steinheil, 1896,

Par suite de cette situation fausse, le médecin sanitaire maritime ne peut exercer ses fonctions en toute indépendance. Si « la loi lui donne en théorie le dernier mot sur le pouvoir du capitaine et celui de la Compagnie, lorsqu'il veut prendre, conformément aux lois et à leur esprit, des mesures sanitaires qui lui paraissent indispensables, » en réalité il est pieds et poings liés entre les mains des armateurs. Pris entre leur devoir et leur pain quotidien certains ont failli ; ils ont signé des déclarations, inexactes ou erronées, ainsi que l'a reconnu M. Vallin à l'Académie de médecine.

Par un heureux hasard ces fausses déclarations n'ont pas eu de conséquences fâcheuses ; mais comme en se renouvelant elles pourraient provoquer de véritables désastres, et faire revenir au déplorable système des quarantaines d'observation, il est indispensable de donner au médecin sanitaire maritime l'indépendance nécessaire pour qu'il puisse exercer ses fonctions de contrôle.

Le médecin sanitaire maritime embarqué doit être le commissaire sanitaire du gouvernement, ne dépendant du capitaine que pour la discipline du bord.

Cette situation implique, bien entendu, que le médecin sanitaire maritime cesse d'être le salarié des Compagnies de navigation. Sa solde devrait être prélevée pour la majeure partie sur le produit des taxes sanitaires qui donnent chaque année des bénéfices considérables (qui vont... à tout autre chose qu'à notre défense sanitaire) et pour le restant sur une prime fournie par les Compagnies en échange des soins médicaux donnés aux passagers et à l'équipage. Il serait, en effet, absolument injuste de vouloir obliger les Compagnies à prendre à leur charge le traitement de fonctionnaires de l'Etat, rôle dévolu, en réalité, au médecin sanitaire maritime.

En résumé, le décret du 4 janvier 1896, en abaissant les quarantaines d'observation, en les remplaçant par une inspection minutieuse au départ des bateaux, et en soumettant ceux-ci au contrôle incessant des médecins sanitaires maritimes a créé un grand progrès, tant au point de vue de la défense sanitaire que des avantages qui en résultent pour le commerce.

Malheureusement la dépendance absolue dans laquelle se trouvent, vis-à-vis les Compagnies de navigation, les médecins sanitaires maritimes compromet tout le fonctionnement du nouveau système, et si l'on veut éviter un désastre qui peut se produire d'un moment à l'autre, il est urgent que les médecins sanitaires maritimes embarqués soient les *commissaires sanitaires* de gouvernement, nommés par lui, payés par lui, et armés des pouvoirs nécessaires.

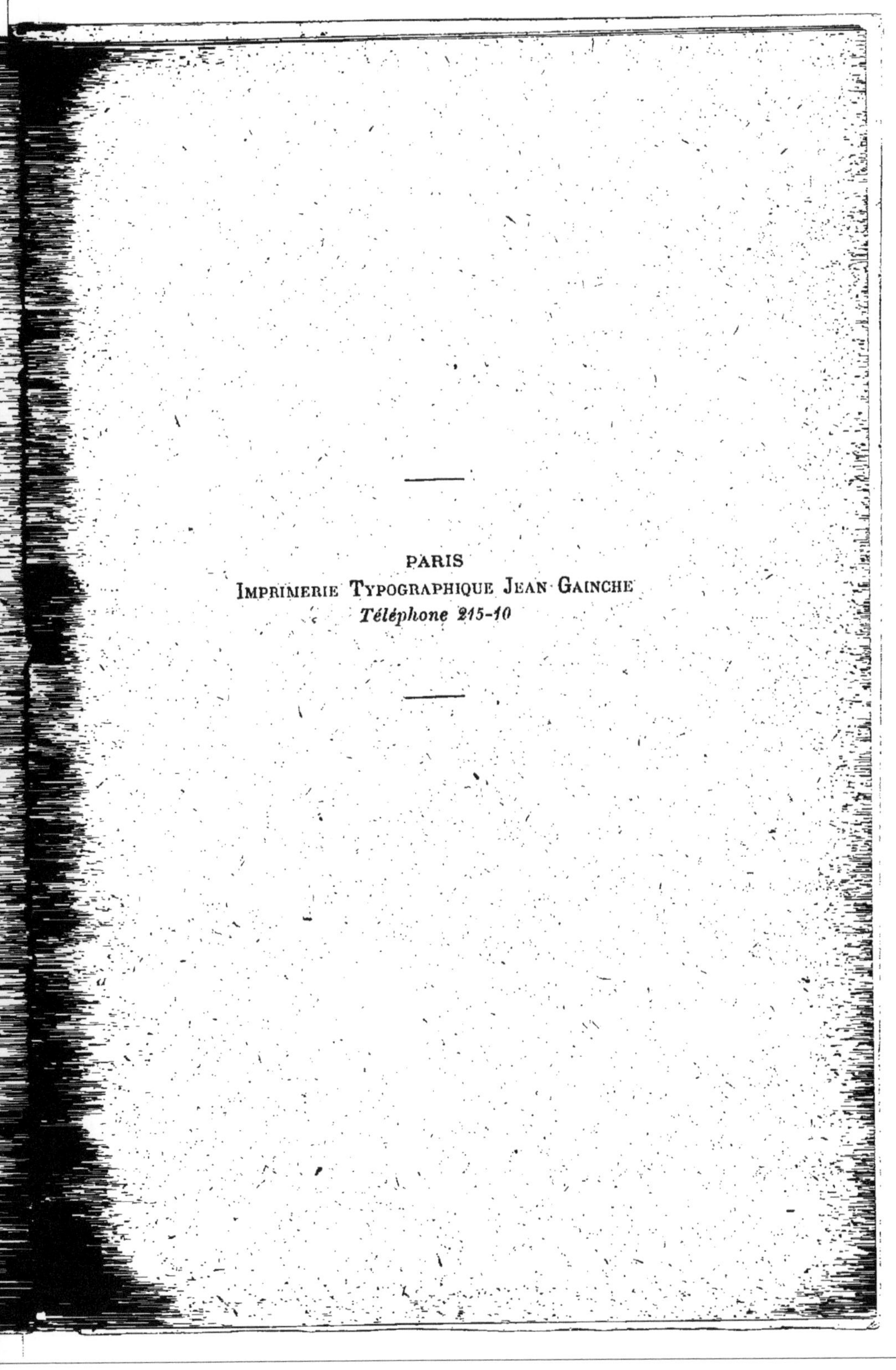

PARIS
IMPRIMERIE TYPOGRAPHIQUE JEAN GAINCHE
Téléphone 215-10

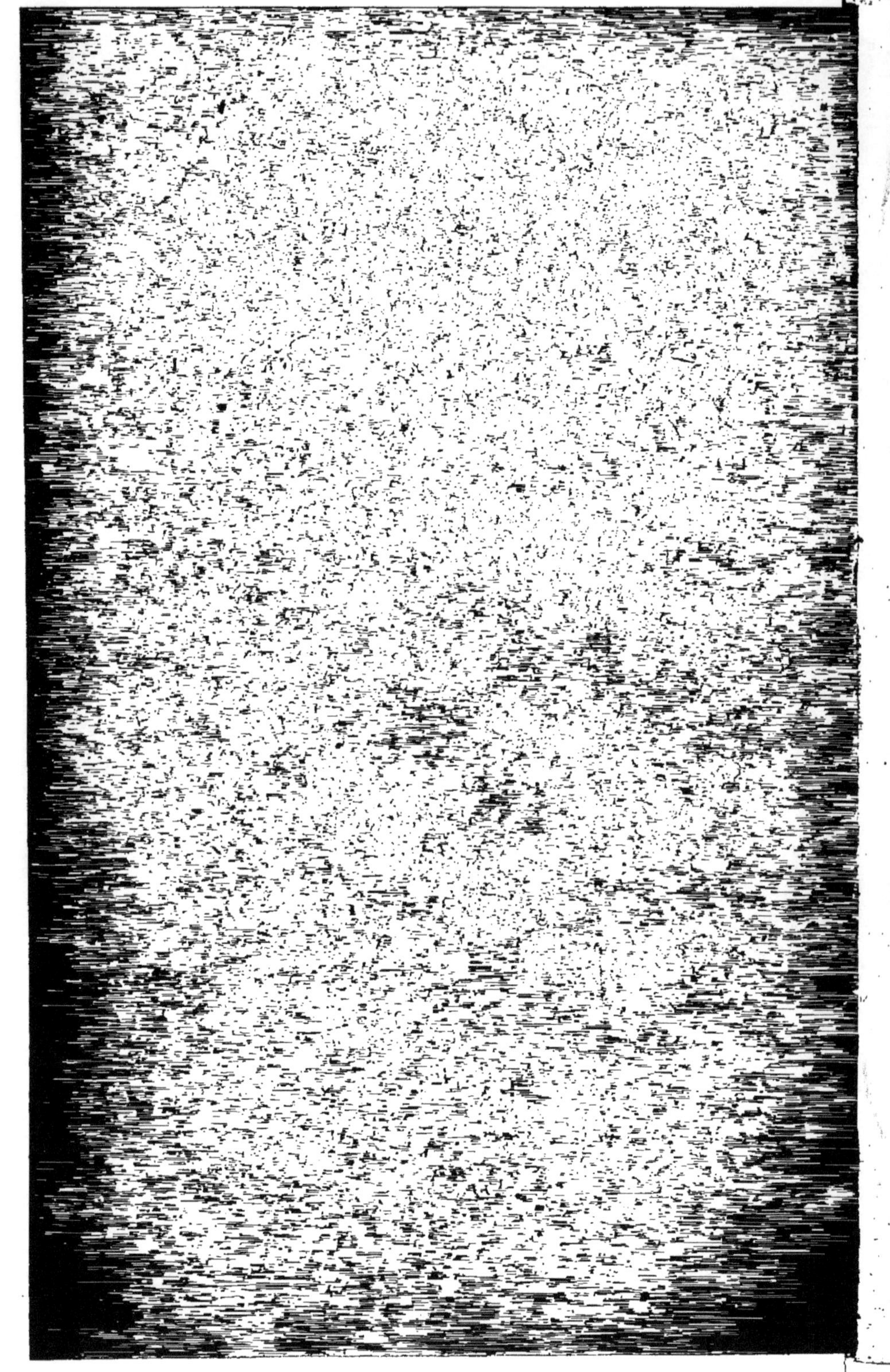

www.ingramcontent.com/pod-product-compliance
Ingram Content Group UK Ltd.
Pitfield, Milton Keynes, MK11 3LW, UK
UKHW020407250726
13967UKWH00006B/2516